本书由吉林省农业科学院、吉林省科学技术协会和国家肉牛牦牛产业技术体系资助出版

肉牛科普百问

◎ 赵玉民 主编

中国农业科学技术出版社

图书在版编目（CIP）数据

肉牛科普百问 / 赵玉民主编 . —— 北京：中国农业科学技术出版社，2022.12（2025.4 重印）

ISBN 978-7-5116-6010-7

Ⅰ . ①肉… Ⅱ . ①赵… Ⅲ . ①肉牛－问题解答 Ⅳ . ① S823.9-44

中国版本图书馆 CIP 数据核字（2022）第 211799 号

责任编辑	陶　莲
责任校对	王　彦
责任印制	姜义伟　王思文

出 版 者	中国农业科学技术出版社
	北京市中关村南大街 12 号　邮编：100081
电　　话	（010）82109705（编辑室）（010）82109702（发行部）
	（010）82109709（读者服务部）
网　　址	https://castp.caas.cn
经 销 者	各地新华书店
印 刷 者	北京捷迅佳彩印刷有限公司
开　　本	148 mm×210 mm　1/32
印　　张	2.875
字　　数	45 千字
版　　次	2022 年 12 月第 1 版　2025 年 4 月第 2 次印刷
定　　价	28.00 元

◆版权所有·侵权必究◆

《肉牛科普百问》

编委会

名誉主编：于康震

主　　编：赵玉民

副 主 编：秦立红　柴方红　付殿国

编写人员（按章排序）：

　　　　　吕文发　牛千宝　许　军　孙宝忠

　　　　　雷元华　余群力　严昌国　陈　群

　　　　　杨连玉　邱玉朗　秦立红　付殿国

　　　　　赵子骄　曹　阳　钟荣珍　金海国

　　　　　刘　宇　肖　成　张嘉保　袁　宝

　　　　　吴　健　高云航　马红霞　刘洪亮

前　言

吉林省"秸秆变肉"暨千万头肉牛工程，是吉林省乡村振兴和肉牛产业现代化的标志性工程。为了有别于养牛技术培训，宣扬牛文化、牛肉饮食文化，吉林省"秸秆变肉"暨千万头肉牛工程专家委员会组织国内部分专家，编写了《肉牛科普百问》。目的是普及牛文化和牛肉饮食文化知识，以便在全社会树立科学的消费观，让消费者选择自己喜欢的消费方式和肉类产品，在全社会筑牢支持肉牛产业发展的思想认知基础。

本书编写过程中，本着不求理论和技术讲解、只求现象和表观认知的思想，难免存在这样或那样的不足之处，难以满足每一位读者的期望，在此敬请谅解。

编　者
2022 年 7 月

目　录

牛　文化篇

1 家牛是怎么来的? 2
2 "牛耕"也是文化? 2
3 牛与饮食文化有什么关系? 3
4 牛的美好寓意有哪些? 4
5 牛肉的营养与功效有哪些? 5

牛肉　认知篇

6 牛肉可以分割出多少块部位肉? 7
7 什么是排酸牛肉? 9
8 排酸牛肉有哪些好处? 9
9 为什么牛肉会有血水? 10
10 牛肉放置一段时间为什么会变色? 10
11 煮制牛肉时为什么会有血沫? 11
12 牛肉为什么会有"荧光"? 11
13 如何通过气味分辨牛肉是否新鲜? 12
14 为什么有的牛肉不易煮烂? 13
15 为什么有的牛肉脂肪是黄色的? 13
16 新鲜的牛肉有哪些特征? 14
17 什么样的牛肉叫雪花牛肉? 14

牛肉　餐饮篇

18 有哪些部位肉适合做牛排? 16
19 如何判断牛排熟度? 17
20 有哪些部位肉适合炖煮? 18
21 有哪些部位肉适合做涮肉? 19

22 有哪些部位肉适合做炒肉? ······ 20
23 有哪些部位肉适合做烤牛肉? ······ 21
24 日本的和牛肉到底好在哪儿? ······ 22

副 产物篇

25 肉牛屠宰后的副产物有哪些? ······ 24
26 牛头、蹄、皮简易的脱毛方法有哪些? ······ 24
27 牛副产物有什么价值? ······ 25
28 牛皮明胶如何制作? ······ 26
29 怎样防止牛油氧化变质? ······ 26
30 预调理煎烤牛肝怎么制作? ······ 27
31 牛胃、肠应该如何清洗除异味? ······ 28
32 牛骨汤如何制作? ······ 29
33 牛血肠如何制作? ······ 29
34 牛杂肉饼如何制作? ······ 30
35 卤牛杂碎如何制作? ······ 31

牛肉生产 育肥篇

36 育肥方式有哪些? ······ 33
37 什么是架子牛育肥? ······ 34
38 如何选择好育肥牛? ······ 34
39 什么叫育肥度? ······ 35
40 影响牛肉品质的主要因素有哪些? ······ 35
41 如何进行强度育肥? ······ 36
42 如何利用"补偿生长"规律? ······ 37
43 为什么用阉牛来生产雪花牛肉? ······ 37
44 如何生产雪花牛肉或大理石牛肉? ······ 38
45 谷饲牛和草饲牛有什么区别? ······ 39

饲养 饲料篇

46 牛为什么叫反刍动物? ······ 41

47 牛饲料主要分哪几类？ ⋯⋯⋯⋯⋯⋯⋯⋯⋯⋯⋯⋯ 42
48 什么是粗饲料？ ⋯⋯⋯⋯⋯⋯⋯⋯⋯⋯⋯⋯⋯⋯ 42
49 什么是精料补充料？ ⋯⋯⋯⋯⋯⋯⋯⋯⋯⋯⋯⋯ 43
50 什么是全混合日粮（TMR）？ ⋯⋯⋯⋯⋯⋯⋯⋯ 43
51 什么是黄贮饲料？ ⋯⋯⋯⋯⋯⋯⋯⋯⋯⋯⋯⋯⋯ 44
52 什么是青贮饲料？ ⋯⋯⋯⋯⋯⋯⋯⋯⋯⋯⋯⋯⋯ 45
53 青（黄）贮饲料喂牛要注意什么？ ⋯⋯⋯⋯⋯ 45
54 秸秆养牛怎么选择粗饲料？ ⋯⋯⋯⋯⋯⋯⋯⋯ 46
55 适合肉牛的饲料有哪些？ ⋯⋯⋯⋯⋯⋯⋯⋯⋯ 47
56 "秸秆变肉"可行吗？ ⋯⋯⋯⋯⋯⋯⋯⋯⋯⋯⋯ 48

牛种 篇

57 吉林省肉牛品种有哪些？ ⋯⋯⋯⋯⋯⋯⋯⋯⋯ 50
58 中国西门塔尔牛具有什么特点？ ⋯⋯⋯⋯⋯⋯ 51
59 利木赞牛具有什么特点？ ⋯⋯⋯⋯⋯⋯⋯⋯⋯ 52
60 安格斯牛具有什么特点？ ⋯⋯⋯⋯⋯⋯⋯⋯⋯ 53
61 海福特牛具有什么特点？ ⋯⋯⋯⋯⋯⋯⋯⋯⋯ 54
62 中国草原红牛具有什么特点？ ⋯⋯⋯⋯⋯⋯⋯ 55
63 延边牛具有什么特点？ ⋯⋯⋯⋯⋯⋯⋯⋯⋯⋯ 56
64 延黄牛具有什么特点？ ⋯⋯⋯⋯⋯⋯⋯⋯⋯⋯ 57
65 什么叫地方黄牛？ ⋯⋯⋯⋯⋯⋯⋯⋯⋯⋯⋯⋯ 58
66 什么是杂交？ ⋯⋯⋯⋯⋯⋯⋯⋯⋯⋯⋯⋯⋯⋯ 58
67 什么叫简单杂交？ ⋯⋯⋯⋯⋯⋯⋯⋯⋯⋯⋯⋯ 59
68 什么叫终端公牛杂交？ ⋯⋯⋯⋯⋯⋯⋯⋯⋯⋯ 59
69 什么叫轮回杂交？ ⋯⋯⋯⋯⋯⋯⋯⋯⋯⋯⋯⋯ 60

牛种 选育篇

70 为什么要育种？ ⋯⋯⋯⋯⋯⋯⋯⋯⋯⋯⋯⋯⋯ 62
71 育种群体如何分级？ ⋯⋯⋯⋯⋯⋯⋯⋯⋯⋯⋯ 62
72 什么是开放育种？ ⋯⋯⋯⋯⋯⋯⋯⋯⋯⋯⋯⋯ 63
73 什么是常规育种？ ⋯⋯⋯⋯⋯⋯⋯⋯⋯⋯⋯⋯ 64

74 什么是本品种选育? ……………………………… 65
75 什么是分子育种? ………………………………… 65
76 什么是联合育种? ………………………………… 66
77 什么是全基因组选择? …………………………… 67
78 什么是克隆牛? …………………………………… 67
79 什么是双肌牛? …………………………………… 68
80 什么是转基因技术? ……………………………… 68
81 什么是基因编辑? ………………………………… 69

繁殖 篇

82 什么是性成熟? …………………………………… 71
83 什么是体成熟? …………………………………… 71
84 牛的繁殖周期有多长? …………………………… 71
85 什么是人工授精? ………………………………… 72
86 什么是体外受精? ………………………………… 73
87 什么是胚胎移植? ………………………………… 74
88 什么是胚胎工厂化? ……………………………… 75
89 什么是同期发情? ………………………………… 76
90 什么是性别控制? ………………………………… 77

牛场 管理篇

91 什么是核心育种场? ……………………………… 79
92 什么是标准化牛场? ……………………………… 79
93 什么是智慧牛场? ………………………………… 80
94 什么是规模化饲养? ……………………………… 80
95 什么是集约化饲养? ……………………………… 81
96 现代化牛场该是什么样? ………………………… 81
97 为什么种牛要有系谱档案? ……………………… 82
98 什么是牛肉质量安全追溯体系? ………………… 83
99 牛场粪污是可利用资源吗? ……………………… 83
100 为什么牛场要做好防疫和疫病净化? ………… 84

文化篇

（吕文发）

1 家牛是怎么来的？

根据出土的牛颅骨化石和古代遗留的壁画等资料，可以证明普通牛起源于原牛。原牛是一种已经灭绝的大型牛科动物，体型很大，略小于大象，奔跑速度很快，即使面对凶猛的野兽，也不甘示弱。从桀骜不驯的原牛到负重犁地的家牛以及奶牛、肉牛，主要归功于人类的驯化。遗憾的是，1627年最后一头原牛死亡，这标志着原牛物种的灭绝。但在中国中部地区和北部地区出土过不少原牛骨骼，多数在晚更新世地层中，少数出土于西周至春秋时期。

2 "牛耕"也是文化？

牛耕是在农业发展过程中出现的，它的起源是一个过程而不是一个节点。春秋是牛耕应用的时期。东汉以后，铁犁牛耕得到进一步发展。到了唐代，出现了曲辕犁，标志着中国传统步犁的基本定型，华夏民族的牛耕文化也在这之后正式起步。牛与铁器的结合被看作是农业社会的一次伟大的技术变革，自此之后，农业生产能力有了质的飞跃。而今，耕牛已经被诸多的农业机械取而代之，牛耕技术也已经退出了历史舞台。

3 牛与饮食文化有什么关系？

早在先秦时期，牛肉便是当时"高大上"的食品，多用于祭祀活动，仅限于贵族食用。因为在农耕时代，牛是最重要的农业生产资源，官府不许民间私自宰牛，只有遇到重大的节庆或祭祀活动，才允许宰牛。商代的养牛业非常发达，当时牛主要用于肉食、交通、祭祀和殉葬。在唐宋时期，牛依然处在禁杀之列，只有自然死亡或病死的牛，才可以被食用。在历朝历代中，牛肉都是食材中的珍品。伴随着牛肉食品的不断丰富，牛肉的饮食文化也不断地繁荣和发展，牛肉作为食材也被赋予了营养、美味等美好寓意。

4 牛的美好寓意有哪些？

牛有勤劳致富、风调雨顺的吉祥寓意，被视为勤劳无私、勇武倔强和财富的象征。"孺子牛""拓荒牛""老黄牛"，是家喻户晓的美好形象，"孺子牛"指代一种不怕吃苦、敢于奉献、直面牺牲的崇高品质。"拓荒牛"意味拥有一种勇于开拓的劲头。"老黄牛"是勤勤恳恳、埋头苦干的代名词，是守得住清贫、耐得住寂寞的象征。习近平总书记勉励人们发扬"为民服务孺子牛、创新发展拓荒牛、艰苦奋斗老黄牛"的精神。以孺子牛、拓荒牛、老黄牛为代表的"三牛"精神传承的是中华民族自强不息、砥砺奋进的"牛劲牛力"，在新的伟大征程上披荆斩棘、开拓创新、坚毅前行。

5 牛肉的营养与功效有哪些？

  牛肉中含有丰富的蛋白质，其构成成分是氨基酸，具有强身健体功效，能提高机体抗病能力、运动和劳动的体力。对生长发育及术后、病后调养的人而言，多吃牛肉可以补充失血和修复组织，加快身体恢复速度。中医认为，牛肉有补中益气、滋养脾胃、强健筋骨、化痰息风、止渴止涎的功效，适于中气下陷、气短体虚、筋骨酸软、贫血久病及面黄目眩之人食用。中医食疗认为，寒冬时吃牛肉有暖胃的作用，为寒冬补益佳品。

牛肉

认知篇

（牛千宝 许军）

6 牛肉可以分割出多少块部位肉？

根据《鲜、冻分割牛肉》国家标准（GB/T 17238—2022），去骨牛肉包括：脖肉、上脑、眼肉、肩肉、板腱、辣椒条、牛前腱、金钱腱、胸肉、S腹肉、肋条肉、腹肉、牛腩、里脊、外脊、米龙、臀肉、大黄瓜条、三角尾扒、小黄瓜条、牛霖、后牛腱、牛碎肉、分割副产品等。米龙，又称针扒；臀肉，又称尾龙扒，俗称牛仔盖；大黄瓜条，别称烩扒、牛霖，又称霖肉、膝圆、和尚头；里脊，又称牛柳、菲力；外脊，又称西冷；眼肉，又称肉眼、沙朗；腹肉，又称牛肋条；板腱，又称三筋，俗称鞋底肉；脖肉，又称牛领。其中高档部位肉包括：里脊、外脊、眼肉。

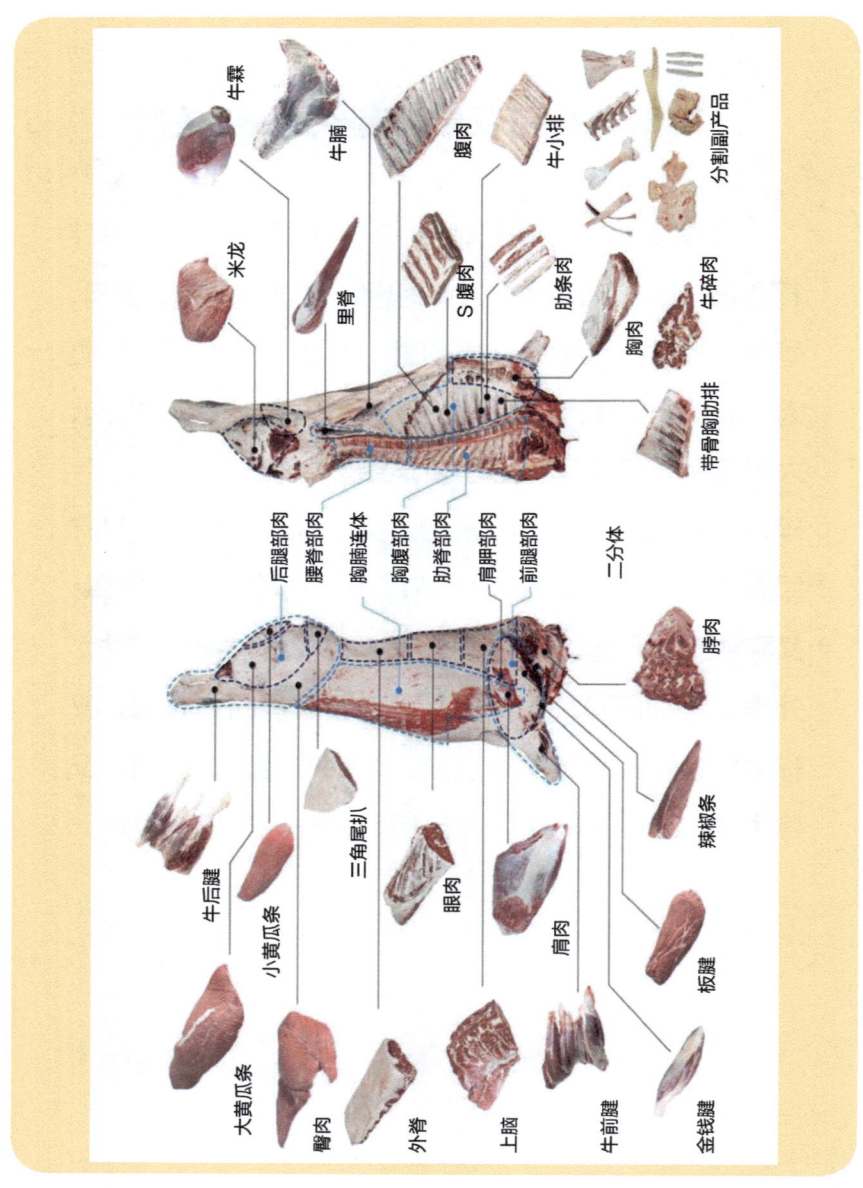

7 什么是排酸牛肉？

排酸牛肉又名冷却排酸牛肉，排酸通常是将牛二分体低温倒挂静置，牛肉在 0~4℃ 低温环境及相应的湿度和一定风速下静置 36~72 小时，肉的酸碱度发生改变，抑制了微生物繁殖，肉质滑嫩有弹性，肉中新陈代谢产物蛋白质、乳酸、三磷酸腺苷等分解和排出，肉纤维结构发生改变，味道鲜嫩，口感得到了极大改善。

8 排酸牛肉有哪些好处？

排酸后的牛肉更加鲜嫩多汁、味道鲜美、好熟易烂，牛肉嫩度得到显著的改善，排酸牛肉能在表面形成一层干油膜，减少水分蒸发，阻止微生物侵入或在表面繁殖，有效抑制微生物滋生。且排酸后牛肉中的部分蛋白质转变为氨基酸，改变了肉分子结构，更易咀嚼，便于人体最大化地吸收营养和消化。

9 为什么牛肉会有血水？

牛肉的血水不是血，而是肌肉组织中的蛋白质，叫作肌红蛋白，牛肉70%以上的成分是水，其余为蛋白质及脂肪，牛肉中的血水其实是肌红蛋白与水组合的混合液体（肌红蛋白起到显色作用）。

10 牛肉放置一段时间为什么会变色？

牛肉中显色的主要物质为肌红蛋白，新鲜的肉通常为鲜红色（真空包装的冰鲜牛肉为紫红色），肉中的肌红蛋白暴露在空气中与氧气结合形成氧合肌红蛋白，呈鲜红色，长时间暴露于空气中或短时间暴露于低氧环境中会生成高铁肌红蛋白，呈褐色或灰色。

11 煮制牛肉时为什么会有血沫？

血沫的主要成分是蛋白质、肉中的脂肪、血管中残留的血液以及杂质等物质，在牛肉煮制时会形成混浊的深色泡沫。煮肉初期产生的泡沫主要源自肉中残留的血水，伴随着一些杂质，这种情况下需要将泡沫撇去。如果此后再产生白色的泡沫，此时泡沫中主要成分是肉中蛋白质，可以保留。

12 牛肉为什么会有"荧光"？

牛肉在加工过程中会偶尔出现荧光现象，对于此种现象有两种解释。一是光栅现象。认为这是生牛肉被切断的肌纤维形成光栅现象产生的光的干涉，肌纤维断面是呈格栅样排列的，多个微小断面形成反射光栅，反射光相互干涉（或衍射），在视觉上产生了彩色的反光。二是色素变化。牛肉中本来就含有很多色素以及脂肪，牛肉经过加热干燥和氧化，肉切面的表面可能会产生彩虹样或者绿色的色彩。上面这两种情况是可以食用的。当然，最直观的方式是结合牛肉是否变味，如果变味了就不能食用了。

13 如何通过气味分辨牛肉是否新鲜？

牛肉主要分为热鲜牛肉、冰鲜牛肉、冷冻牛肉三种，热鲜牛肉具有鲜牛肉特有的淡淡的肉膻味、无异味。冰鲜牛肉在打开包装袋后会闻到有些酸的、干酪的、牛奶或乳制品的气味，这种气味不是不良气味，是冰鲜肉的一种期望特征，表明一切正常。冷冻牛肉解冻后与热鲜肉基本相同。变质肉会因细菌生长而具有明显的腐败、酸臭味。

14 为什么有的牛肉不易煮烂？

牛肉的嫩度主要取决于结缔组织、肌原纤维和肌浆三种蛋白质成分的含量与化学结构状态。牛龄、品种、加工方法及加工时间均会影响牛肉的嫩度，我们在厨房中炖煮牛肉时可以酌情增加炖煮时间。

15 为什么有的牛肉脂肪是黄色的？

肉牛主要分为谷饲和草饲两种。牛肉脂肪颜色主要取决于脂肪中色素的含量，植物饲料中的胡萝卜素和叶黄素含量决定脂肪的色泽。由于牛肝脏内没有把胡萝卜素和叶黄素分解成无色的酶，导致这些色素积聚在脂肪里，长时间的草饲牛脂肪就会呈现不同程度的黄色，俗称"黄脂"。

16 新鲜的牛肉有哪些特征？

新鲜牛肉肉色鲜艳，有光泽，脂肪呈现乳白色或淡黄色，并富有弹性，用手按压后可以恢复原状；同时具有淡淡的腥膻味；外表微干或湿润，用手触摸后有油质感，但不会发黏。

17 什么样的牛肉叫雪花牛肉？

雪花（大理石花纹）是由位于牛肉肌纤维之间的脂肪细胞形成，其中大的白点称为大脂肪颗粒，小白点称小脂肪颗粒。（小脂肪颗粒数量多、密度大、分布得比较均匀，外观类似于"雪花"的一种特殊牛肉称为雪花牛肉。）雪花牛肉颜色以鲜红色为主，脂肪颜色洁白，质地松软，牛肉容易咀嚼，汁多而味浓，风味鲜美，不留残渣，不塞牙。同时雪花牛肉含有优质蛋白质，富含对人体有益的油酸、谷氨酸和肌氨酸，使其具备良好的风味，以及具有预防疾病的功能。

牛肉
餐饮篇

（孙宝忠　雷元华）

18 有哪些部位肉适合做牛排？

牛排是食用牛肉的主要方式之一，也是最能体现牛肉原汁原味、柔嫩细腻的品质特点的烹饪方式，主要选用脂肪丰富和肉质细嫩的部位。适宜做牛排的部位肉主要有：上脑、板腱、三角牛腩、里脊、眼肉、外脊、牛小排、小黄瓜条等。

19 如何判断牛排熟度？

牛排的熟度主要分为五个等级，分别是一分熟、三分熟、五分熟、七分熟、全熟。数字划分熟度并不是国外传统做法，而是牛排进入中国后约定俗成的结果。熟度判断方法见下图。

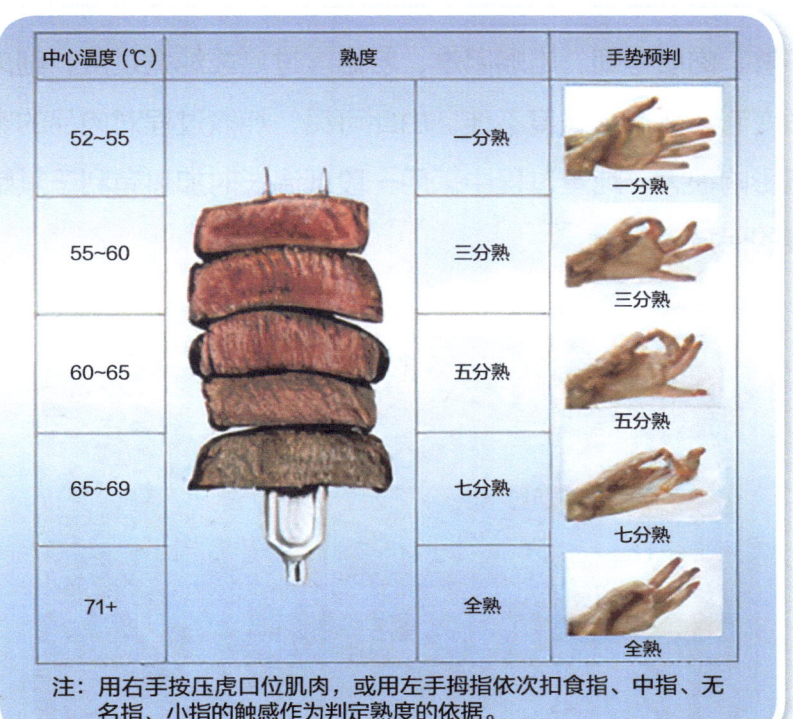

中心温度（℃）	熟度	手势预判
52~55	一分熟	一分熟
55~60	三分熟	三分熟
60~65	五分熟	五分熟
65~69	七分熟	七分熟
71+	全熟	全熟

注：用右手按压虎口位肌肉，或用左手拇指依次扣食指、中指、无名指、小指的触感作为判定熟度的依据。

20 有哪些部位肉适合炖煮？

炖煮牛肉是全世界比较普遍的烹饪方法，中式、日式、法式、韩式烹饪中都有炖煮的烹饪方式，主要选择筋膜较为丰富，脂肪含量相对较低的部位肉。适宜炖煮的牛部位肉主要有：肩肉、脖肉、胸肉、牛肋条、腱子肉、牛腩、大黄瓜条、臀肉、牛霖、米龙等。炖牛肉时应注意火候。炖煮时间不够，肉质坚韧，咀嚼困难；若温度过高或炖煮过度，则肉质变老、变柴、嫩度不佳。由此可见，炖煮过程对肉品的嫩度影响很大。炖煮过程中采用一段低温长时加热有利于其嫩度的保持。

21 有哪些部位肉适合做涮肉？

涮制牛肉在中国和日本的消费习惯中比较普遍，主要消费场景为中式火锅和日式涮锅，其切割特点为薄切，主要选择脂肪含量适中，筋膜较少，肌纤维较细嫩的部位肉。适宜涮制的牛部位肉主要有：肩肉、胸肉、上脑、眼肉、外脊、大黄瓜条、牛霖、米龙、臀肉等。

22 有哪些部位肉适合做炒肉？

炒牛肉具有烹饪时间短但加热温度高的特点，一般选择肌纤维较为细嫩、脂肪与筋膜含量较少的部位，如辣椒条、里脊等部位。肌纤维较粗的部位肉，如米龙、牛霖、臀肉、大黄瓜条、小黄瓜条等经过适当的腌制或调理，如添加适量的嫩肉粉、小苏打等，也可以用来做炒牛肉。

23 有哪些部位肉适合做烤牛肉？

烤牛肉是国内牛肉消费量较大的一种烹饪方式，影响烤牛肉产品质量的因素较多，如牛的年龄、品种、部位、宰后成熟时间和烤制条件（温度、时间、湿度、肉块大小等）。通过对牛肉理化品质、肌纤维特性、加工特性及其烤制加工品质特性的分析可知，上脑、外脊、里脊和米龙等较适宜烤制食用，腱子肉、辣椒条和臀肉等不适宜烤制。

24 日本的和牛肉到底好在哪儿?

日本牛肉分级标准包括质量级、产量级及按质量级和产量级确定的最终级别。其各等级标准定位相对高于美国标准,该分级标准已被日本消费者、肉牛饲养者、牛肉加工者以及牛肉分级机构广泛采纳,使得日本牛肉的高档定位在日本和国际市场得到普遍认知。日本和牛具有大理石花纹丰富、脂肪含量高、嫩度好、香气足的特点。常见的寿喜烧、刺身、寿司和牛排等做法均能体现和牛肉的特点。

副产物篇

（余群力）

25 肉牛屠宰后的副产物有哪些？

肉牛屠宰后副产物包括头、肢蹄、红内脏、白内脏、脂肪、皮、血、牛尾、腺体、废弃物、牛骨、碎肉等。这些副产物约占活体重的比例分别为：头2.87%，肢蹄2.5%，红内脏2.53%，白内脏5.94%，脂肪5.0%，皮10.7%，血3.2%，牛尾0.16%，腺体0.64%，废弃物14.46%，牛骨6.47%，碎肉等1%。

26 牛头、蹄、皮简易的脱毛方法有哪些？

（1）热水浸烫－机械联用法。屠宰后的新鲜牛头、蹄、皮在76℃左右热水中浸烫4~8分钟后，当手容易拔下被毛时，即刻取出放入脱毛机中进行脱毛处理，牛皮可用刀具手工刮毛，最后用喷火轻燎皮面残留绒毛，清洗即可；（2）浓碱液浸泡－刮刀辅助联用法。牛头、蹄、皮清洗后，在4%~6%食品级氢氧化钠溶液中浸泡2~4小时，随后使用刮刀刮毛、清水冲洗，最后分别经食醋、清水浸泡后即可；（3）食用碱－生物酶－机械联用法。此法适用于隔夜或冷藏冷冻的牛头、蹄、皮。原料经 4%~6% 食品级氢氧化钠溶液浸泡 2~4 小时后，放入 50℃ 0.3% 碱性蛋白酶水溶液中浸泡 3~4 小时，最后用脱毛机除毛。

27 牛副产物有什么价值？

牛副产物营养成分丰富，广泛用于酱卤、煲汤、菜肴、烧烤等各类食用方法。牛骨中含蛋白质 16.67%~24.58%，与牛肉相似，含各种必需氨基酸以及钙、铁、锌、硒等矿物质；牛心、肝、肺等蛋白质含量高，脂肪少，每 100 克肝脏含蛋白质 18.9 克，每 100 克牛肺中含蛋白质 7.3 克，还含有辅酶 Q10、维生素 B_1 等生物活性物质；牛蹄、皮中含有丰富的蛋白质，尤其是胶原蛋白、硫酸软骨素；牛血中铁含量是牛肉的 10 倍，每 100 克血液中铁的含量高达 40 毫克以上，同时氨基酸组成均衡，必需氨基酸总量高于母乳和全蛋。

28 牛皮明胶如何制作？

将脱毛后的牛皮处理干净，切成小块，置于水中煮制 5~10 分钟，去除污物和残留的毛发。按 1∶4 的比例加水熬制 2 小时至大部分胶质溶出，随后采用高温高压快速制胶法，在 0.1 兆帕、121℃条件下明胶化 45~50 分钟，将所得汁液用纱布过滤，收集滤液放入锅中继续熬制浓缩，浓缩温度 80℃，浓缩时间 7.4 小时。浓缩结束后，将其放入涂有植物油的模具中，待胶凝固，取出，切成小块。室温下晾干，将干制品包装即可。

29 怎样防止牛油氧化变质？

首先，尽量将储油罐（桶）装满，开启后应及时盖紧并尽快用完，有条件的可充氮保存，最好贮藏于室内阴凉干燥处，防止与金属铜直接接触；其次，贮藏温度以 10~15℃最好，一般不超过 25℃；最后，可通过添加抗氧化剂防止牛油氧化，较常见的抗氧化剂有维生素E、酮胺类、抗氧化增效剂和复合抗氧化剂等，使用抗氧化剂时须根据不同产品的规定添加量，保证足量添加，混合均匀。

30 预调理煎烤牛肝怎么制作？

选择新鲜牛肝清洗干净、修整，切割为厚度3~5毫米的薄片，水中浸泡1小时后，将薄片捞出、沥干水分。以100千克牛肝计，称取盐1千克，糖0.5千克，木瓜蛋白酶0.8千克，洋葱粉0.3千克，鸡精0.7千克，味精0.1千克，辣椒粉3千克，复合磷酸盐0.8千克，姜粉0.2千克，红曲红0.01千克均匀混入薄片中，放置约2小时使其入味上色，其间缓慢搅拌4~5次。将加工好的牛肝分装，低温贮藏，可用于煎烤、涮锅、爆炒等。

31 牛胃、肠应该如何清洗除异味？

牛胃由四部分组成：瘤胃，其表面粗糙似毛巾，俗称"毛肚"，因其贲门扩约肌肉厚而韧，俗称"肚尖"；网胃，其内部结构呈蜂窝状，俗称"麻肚"；瓣胃，其内部结构呈叶片状，俗称"百叶"；真胃，又称"皱胃"。清洗时，将牛胃、肠去除内容物后，修去表面脂肪、筋膜，用清水冲洗干净。将牛胃、肠按比例放入0.6%~0.8%食用碱液中，搅拌，浸泡30分钟，捞出沥水。再将牛胃、肠置于0.3%~0.5%醋酸溶液中浸泡10~20分钟，中和残留的碱液，清洗干净即可。最后将牛胃、肠置于0.8%~1.2%酵母水溶液中，30~40℃下发酵45~60分钟，脱除异味。取出后清水冲洗，作食材备用。

32 牛骨汤如何制作？

将清洗干净的牛骨 100 千克，锯成 3 厘米左右小块，加少量大葱、生姜，加水放入锅中预煮至沸腾，撇去浮沫，捞出骨块。将预煮后的牛骨放入高压锅中，料水比 1:6，温度 121~126℃，压力 0.1~0.15 兆帕，高温高压煮制 1 小时。煮制结束后，添加调味料食盐 0.7 千克，胡椒 0.16 千克，花椒 0.12 千克，鸡精 0.22 千克，常压文火煮制 4 小时，降温冷却后将上层油脂去除，以滤布分离汤渣，获得澄清骨汤。牛骨汤营养丰富，风味鲜美，可用于牛肉面、高汤、火锅、菜肴等。

33 牛血肠如何制作？

将牛血用 40 目不锈钢网筛过滤，收集滤液。以 100 千克牛血计，配方为牛肉 30%，熟青稞粉 65%，大豆蛋白 3%，淀粉 2%，姜汁 1%，葱油 5%，白砂糖 3%，食盐 4%，奶粉 1%，鸡油 5%，卡拉胶 0.6%，沙蒿胶 0.04%。称取上述原辅材料，边加边充分搅拌均匀，将馅料置入灌装机，灌入天然肠衣中，灌装过程中注意在肠衣上均匀扎孔，以防止肠体破裂。随后按所需长度结扎。将灌装好的牛血肠在 85℃清水中煮制熟化 25 分钟，注意水温不宜过低或过高，否则牛血肠不熟或爆肠。煮毕取出牛血肠，冷却至室温，真空包装，4℃条件下贮藏。产品无腥味异味，鲜嫩可口，即切即食，营养丰富。

34 牛杂肉饼如何制作？

以新鲜牛瘦肉、牛心、牛肝、牛胃为原料，剔去肥肉、筋腱，清洗干净后，按 4:4:1:1 比例，将原料在水中浸泡 4 小时后，切成薄片，牛心、肝、胃绞碎为肉糜，牛肉切成约 0.5 立方厘米的肉粒。以肉重计，按比例加入食盐 1.2%，白砂糖 0.4%，异维生素 C 钠 0.04%，水 5%，搅拌均匀，0~4℃下腌制 4 小时。随后加入卡拉胶 0.8%，大豆分离蛋白 1.5%，淀粉3%，木瓜蛋白酶0.3%，搅拌均匀，最后将全部肉糜填入模具中挤压成型，厚度约为1.5厘米，4℃放置4小时后取出，煎烤即食。

35 卤牛杂碎如何制作？

选择新鲜牛胃、牛肝、牛肺和牛心，比例为30:25:25:20。以肉重计，加入水150%，大葱2.5%，生姜2.5%后，预煮10分钟，注意温度不得超过90℃，其间撇去浮沫，捞出冷却至室温后切成条状，洗净备用。预煮后将原料置入锅中，加清水淹没原料3~5厘米。再按比例加入配料：八角0.2%，桂皮0.2%，丁香0.035%，花椒0.2%，鲜姜0.2%，胡椒0.13%，白芷0.07%，草果0.1%，山楂0.07%，小茴香0.13%，食盐3%，糖1%，味精0.01%，90℃煮制20分钟后，将牛心、牛肝捞出，40分钟后将牛胃、牛肺捞出沥干，单独装盘，冷却至常温后，真空包装，低温贮存。切片即食，冷热均可。

牛肉生产

育肥篇

（严昌国）

36 育肥方式有哪些？

我国常用的架子牛的育肥方式有短期育肥和持续育肥两种方法。短期育肥也称后期集中育肥或强度育肥或快速育肥。进行3个月左右的强度育肥，达到出栏体重，即屠宰出售，这种育肥方式成本较低，但牛肉品质较差。持续育肥是指犊牛断奶后，立即转入育肥阶段进行育肥，一直到出栏。可采用半舍饲半放牧、舍饲拴系的育肥方式，这种育肥方式生产的牛肉品质好，成本较高，饲养周期长。和牛和韩牛育肥均采用持续育肥方式。

37 什么是架子牛育肥？

以生产牛肉为目的而饲养的牛统称为育肥牛。通过育肥不仅能提高育肥牛的日增重、饲料利用率、缩短出栏时间，而且还能提高牛肉的品质和口感。断奶之后育肥之前处于生长发育阶段（一般为6~24月龄阶段）准备要育肥的牛称之为架子牛，俗称"吊架子"。架子牛因前期营养供应不是很充足，进入育肥阶段，肌肉组织和体重快速增长，此种育肥方式，俗称"短期育肥""强度育肥"。

38 如何选择好育肥牛？

育肥架子牛的体型外貌选择标准是：头部要中等大，而不要选择头部大的，颈部短粗、背部宽平、胸部宽深、肋骨间隔宽而长、腹部紧凑而平坦、皮肤有弹力、被毛细而有光泽。

39 什么叫育肥度？

育肥度就是"肥胖"程度。首先，膘情判断。架子牛经育肥后体形变得宽阔饱满、膘肥肉厚。用手触摸牛的鬐甲、背腰、臀部尾根等部位感到肌肉丰厚，皮下软绵；耳根、前后肋和阴囊周围感到有大量脂肪沉积，说明膘情良好，可以出栏。其次，食欲判断。架子牛随着育肥期的延长出现采食量下降的势头，下降达到正常量的1/3或以上时，使其出栏。最后，体重判断。架子牛经过3~6个月育肥后，体重达到550千克以上，日增重达不到0.8千克以上时，如继续饲养增重速度减慢，应适时出栏。

40 影响牛肉品质的主要因素有哪些？

首先，肉牛品种。不同品种类型的牛，不仅成熟期、最佳屠宰体重等方面有差异，而且在育肥期对营养物质的需求量及增重速度也有差别。其次，体型结构、发育程度和前期生长发育水平等。再次，不同年龄的牛所处发育阶段不同，体组织的生长强度不同，因而在育肥期所需要的营养水平也不同。最后，环境温度、湿度、饲料及饲料添加剂也会影响牛的育肥效果与牛肉品质。

41 如何进行强度育肥？

采用强度育肥方式育肥的牛适合生产普通牛肉。适应期隔离饲养，观察牛的精神状态、采食及粪尿情况，发现异常及时诊治。适应期临近结束时，按牛年龄、品种、体重分群。牛只转入牛舍之前，要对地面、墙壁及器具进行消毒。要保证牛有一定的活动量，又要让它受到一定的限制。每天上、下午各清除1次牛舍粪便，确保牛体卫生。在犊牛断奶后和10~12月龄分别进行驱虫。将牛舍温度保持在15~25℃，做好疫情调查，加强控制、检疫，截断疫病传染途径。

42 如何利用"补偿生长"规律?

肉牛强度育肥时应充分利用好"补偿生长"规律。肉牛在生长发育的某阶段,因营养不足而使生长速度下降,当恢复高营养水平时,经过一段时期后,仍能恢复正常体重。这种生长特性叫补偿生长。并不是任何情况下都能获得补偿生长,在生命早期增长速度受到严重影响时,会形成"小僵牛"。此外,如果低水平饲养时间较长,补偿生长效果也差。因此,生长受阻时间不宜超过 6 个月。另外生长受阻阶段在胚胎期或在初生至 3 月龄时,补偿生长效果不好。

43 为什么用阉牛来生产雪花牛肉?

一般情况下母牛生长育肥速度较慢,但是肉质结缔组织少而肌纤维细,肌间脂肪沉积良好,风味好,易生产雪花牛肉。阉牛较易育肥，肉色较淡，肉质细致，肌间脂肪沉积良好，容易生产雪花牛肉。公牛育肥速度快，瘦肉多，屠宰率和眼肌面积较大，但牛肉中结缔组织多，肌纤维粗糙，风味较差，不易生产雪花牛肉。因此，用阉牛来生产雪花牛肉。日本和韩国将断奶之后4~6月龄的公犊阉割，之后采用持续育肥至28~30月龄的方式生产雪花牛肉。

44 如何生产雪花牛肉或大理石牛肉？

首先，选择具有能够生产雪花牛肉的遗传基础的国外优良品种（安格斯、和牛、韩牛等）或我国五大地方良种（延边牛等）作为育肥材料；其次，性别和年龄的选择上，一般选择4~6月龄阉割的阉牛，阉牛肉质细致，肌间脂肪沉积良好，易生产雪花牛肉；最后，要严格控制牛舍温度、湿度以及换气等环境条件；采用持续育肥方式，加强适应期、育成期、育肥期和出栏准备期等不同生长阶段的饲养管理；适当延长育肥期，增加出栏重，提高牛肉的品质。

45 谷饲牛和草饲牛有什么区别？

架子牛育肥期饲喂谷物饲料（如大麦、玉米等）进行育肥的牛统称为谷饲牛。谷饲牛肉脂肪含量较高，脂肪均匀分布在肌肉组织中，能够生产雪花牛肉，其肉质细嫩、多汁、入口即化，口感良好。架子牛育肥期放养在放牧地，只饲喂新鲜的牧草，育肥到30~36月龄的牛统称为草饲牛。草饲牛肉蛋白质含量高，为谷饲牛肉的1.5倍以上，但脂肪含量低，肌肉纤维丰富，肉质精瘦，肉质细嫩，味道浓郁，口感更具韧性和嚼劲。

饲养

饲料篇

(陈群 杨连玉 邱玉朗)

46 牛为什么叫反刍动物？

牛是多胃动物，具有倒嚼的能力，所以称为反刍动物。农作物秸秆和牧草等饲料是牛的主要粗饲料。牛的消化道特殊，有4个胃室，包括瘤胃、网胃、瓣胃、皱胃。牛采食的饲料未经过充分咀嚼就直接吞入瘤胃。吃饱后食入的草团经反刍即倒嚼后返回口腔，在口腔内咀嚼磨碎（通常咀嚼50~60次）再咽下，如此反复5~6次。磨碎的草团再经瘤胃内微生物发酵变成小颗粒状，然后移行到后面的网胃、瓣胃、皱胃、小肠、大肠等部位进行养分的消化、吸收。

47 牛饲料主要分哪几类？

牛饲料主要分四大类：粗饲料、浓缩料、精料补充料、全混合日粮（TMR）。浓缩料与玉米、大麦、高粱、稻谷、糠麸皮类副产品等按照一定比例混合配制成精料补充料。粗饲料与精料补充料按照一定比例混合配制成TMR。全混合日粮可以直接用来饲喂牛。

48 什么是粗饲料？

粗饲料是指在饲料中天然水分含量在60%以下，干物质中粗纤维含量等于或高于18%，并以风干物形式饲喂的饲料，如牧草、农作物秸秆、酒糟等。粗饲料是牛饲料中一类重要的、不可替代的成分，不仅是肉牛重要的营养物质来源，而且能够改变瘤胃发酵类型。另外，粗饲料在牛的消化道中有填充容积的作用，可减少牛的饥饿感，并能刺激胃肠蠕动，调节排泄。

49 什么是精料补充料？

精料补充料是指为补充草食动物的营养，将多种饲料原料和饲料添加剂按照一定比例配制的饲料。这些饲料中包含草食动物所需要的基本营养元素即养分，包括粗蛋白质、粗纤维和粗脂肪等有机物；钙、磷、镁、钠、钾、氯、硫、铁、锌、铜、锰、碘、硒、钴、铬等矿物质元素；维生素A、维生素D、维生素E、维生素K、维生素C、B族维生素等多种维生素。通过精料补充料与粗饲料充分混合，即可制备草食动物的全混合日粮，并能够满足草食动物的各种营养需要。

50 什么是全混合日粮（TMR）？

TMR是按照反刍动物不同生长阶段的营养需要，把粗饲料、精料补充料按照一定比例进行混合搅拌而得到的一种营养均衡的饲料。其优点：（1）通过精、粗饲料均匀混合，避免挑食，防止家畜酸中毒；

（2）使家畜均匀地采食，保证营养物质的均衡供给；
（3）大幅度提高家畜采食量，提高饲料转化效率；
（4）改善日粮适口性，减少粗饲料浪费，降低饲料成本；（5）简化饲喂程序，提高精准饲喂程度；（6）便于机械饲喂，提高生产效率，降低劳动力成本。

51 什么是黄贮饲料？

黄贮饲料是指利用含水率较低的干秸秆切碎后加入水和微生物发酵剂，在密闭条件下进行厌氧发酵，经过一定的发酵过程，使农作物秸秆变成带有酸香味，家畜喜食的粗饲料，又称微贮饲料。黄贮饲料制作简单、方便、易操作，是减少玉米秸秆贮存期损失的有效措施之一。经过微贮后质地干硬的干秸秆变得柔软，具有酸香味，适口性明显改善。与干秸秆相比，采食速度提高30%以上，采食量增加15%以上，并能明显提高饲料消化率。

52 什么是青贮饲料？

青贮饲料是将青绿饲草置于密封的青贮设施或设备中，在厌氧环境下，利用乳酸菌的发酵作用产生大量乳酸，抑制各种杂菌的繁殖和生长，使青绿饲料能够长期保存。青贮饲料不仅保持了青绿饲料的多汁液、易消化等特性，而且可以常年稳定供应肉牛优质饲料。特别是东北玉米产业带的秸秆资源，是制作秸秆青贮饲料的好原料。

53 青（黄）贮饲料喂牛要注意什么？

在利用青（黄）贮饲料饲喂牛时，首先要注意青（黄）贮饲料质量和安全，通常秸秆通过微贮处理20天后就可以取用。在饲喂前应当观察青（黄）贮饲料是否安全，最直接的方法是：一看、二闻、三触，如颜色是青绿色或黄绿色、气味酸香、质地柔软则为合格产品。青（黄）贮饲料喂牛以"先少量，后适量"

为原则,刚开始饲喂时可以加入少量的小苏打,然后和其他粗饲料混合饲喂,一周后逐渐增加添加量,但青(黄)贮饲料与其他干粗饲料比例一般不高于6∶4。

54 秸秆养牛怎么选择粗饲料?

粗饲料是牛饲料中很重要、不可替代的部分,选择粗饲料时,应该首先考虑成本,利用本地的饲料资源。尽量选择经加工处理的玉米秸秆为主要粗饲料,如青贮、微贮、揉丝、膨化等处理的玉米秸秆。并可利用本地牧草、稻草及糟渣类的粗饲料与其混合,提高混合粗饲料的利用价值,降低成本。在添加糟渣类饲料时,要考虑肉牛胃肠道的承受能力,一般情况下酸性糟渣类饲料和微贮饲料每日饲喂量不超过牛体重的2%。

55 适合肉牛的饲料有哪些？

饲草是肉牛必需的饲料，通常包括青绿饲料、青贮饲料、粗饲料等。青绿饲料有天然牧草、栽培牧草及饲料作物、蔬菜类和水生植物等；青贮饲料是一些青绿饲料在适宜采收期收获后经密闭保藏的产品；粗饲料有风干牧草、农作物秸秆、酒糟渣等。另外还需要精饲料，这类饲料通常以饲料粮及其加工副产物为主，如玉米、小麦、高粱等禾本科籽实及其糠麸；大豆、棉籽、油菜籽实及其加工的产物如油脂和饼粕；还包括矿物质类饲料和维生素类饲料等。

56 "秸秆变肉"可行吗?

针对吉林省秸秆资源过剩、秸秆饲料化程度低、优质粗饲料缺乏、规模化草食家畜饲喂综合技术不完善等问题,吉林省提出了"秸秆变肉"暨千万头肉牛工程建设。其通过秸秆离田收贮运、加工技术、"粮改饲"配套技术,生产秸秆饲料。利用优质秸秆饲喂肉牛、肉羊等草食家畜,通过过腹转化生产牛肉、羊肉和有机粪肥,变废为宝。实现经济效益和社会效益双丰收,因此"秸秆变肉"是可行的。

牛种篇

（秦立红 付殿国 赵子骄）

57 吉林省肉牛品种有哪些?

吉林省饲草、饲料资源丰富,气候适宜,黄牛养殖历史悠久。全省现有肉牛(黄牛)品种主要包括三类:地方品种有延边牛;自主选育品种有中国草原红牛、延黄牛和中国西门塔尔牛;引进国外品种主要有西门塔尔牛、安格斯牛、夏洛来牛、利木赞牛、海福特牛、和牛等。延边牛、草原红牛、延黄牛、海福特牛、和牛等属于小型种,其他属于大型种。

延黄牛(延边畜牧开发集团有限公司供图)

西门塔尔牛(吉林省德信生物工程有限公司供图)

黑西门塔尔牛(吉林省德信生物工程有限公司供图)

黑安格斯牛(吉林省德信生物工程有限公司供图)

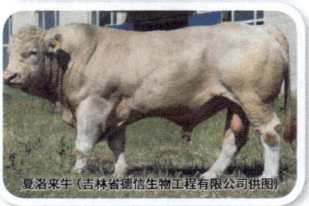
夏洛来牛(吉林省德信生物工程有限公司供图)

利木赞牛(吉林省德信生物工程有限公司供图)

延边牛(延边东盛黄牛改良繁殖有限公司供图)

58 中国西门塔尔牛具有什么特点?

中国西门塔尔牛是西门塔尔牛与我国地方黄牛杂交选育的乳肉兼用品种,属于大型肉牛品种。外貌特征与国外西门塔尔牛基本一致,被毛颜色为黄白花或淡红白花。体躯深宽高大,结构匀称,肌肉发达,早期生长速度快,产肉性能高,胴体瘦肉多,脂肪少,适应性强,耐粗饲,抗病力强。目前是国内分布最广的品种,可以进行纯繁,也是杂交利用或改良地方品种的优秀父本。

西门塔尔牛(长春新牧科技有限公司供图)

59 利木赞牛具有什么特点？

利木赞牛原产于法国的利木赞高原，现在世界上许多国家都有该牛的分布，属于专门化的大型肉牛品种。被毛为黄红色，体型较大，骨骼细，体躯长而宽，肌肉丰满，前、后躯肌肉发达。早熟性能好，产肉性能高。耐粗饲，抗逆性好，适应性强。利木赞牛在牛胴体特性上具有很大的优势。目前它主要是用来杂交、改良我国本地的黄牛品种，杂交、改良时对我国本地黄牛品种和产地上没有特殊要求。

利木赞牛（长春新牧科技有限公司供图）

60 安格斯牛具有什么特点?

安格斯牛原产地英国,是世界上最古老的中小型早熟品种。全身毛色纯黑或全红,无角。体格低矮,肌肉丰满,生长速度快,肉质细腻,胴体品质好、大理石花纹明显。耐寒冷和干旱,抗病能力强,性情温和,易于管理。目前,安格斯牛在我国常用于改良小型黄牛,效果显著。其杂交牛在生长速度、肉质品质、繁殖性能等方面均表现出明显优势。

安格斯牛(长春新牧科技有限公司供图)

61 海福特牛具有什么特点？

海福特牛产于英国威尔士地区的海福特县。海福特牛是英国最古老的早熟中型肉牛品种之一，是由当地土种牛经长期向肉用方向选育而成的品种。海福特牛被毛红棕色，具有"六白"特征，分为有角和无角两种，体躯宽大，前胸发达，全身肌肉丰满，具有典型的肉用牛的长方体型。肉质细嫩，味道鲜美，肌纤维间沉积脂肪丰富，肉呈大理石状。具有体质强壮、较耐粗饲、适于放牧饲养、产肉率高等特点。在我国饲养的效果也很好，用海福特牛改良本地黄牛，也取得了初步成效。

海福特牛（镇赉县和合牧业发展有限公司供图）

62 中国草原红牛具有什么特点?

中国草原红牛是自主育成的乳肉兼用型牛,主要分布于吉林白城地区、内蒙古昭呼达盟、锡林郭勒盟及河北张家口地区,1985年被命名为中国草原红牛。大部分牛有角,全身被毛为紫红色或红色,在高寒草原地区,以放牧为主、适当补饲,产肉性能和繁殖性能好。该牛适应性好,耐粗放管理,对严寒和酷热条件耐受力强,发病率低。该牛是吉林省肉牛生产的主要品种之一,是吉林省西部地区主要肉牛品种。

中国草原红牛(吉林省农业科学院吉林维多利农牧有限公司供图)

63 延边牛具有什么特点？

延边牛属寒温带山区的役肉兼用品种，适应性强，主要产于吉林延边朝鲜族自治州的延吉、和龙、汪清、珲春及毗邻各县。毛色多呈浓淡不同的黄色，是我国宝贵的抗寒品种之一，但还存在体躯较窄，后躯和母牛乳房发育较差等缺点。

延边牛（延边东盛黄牛资源保种有限公司供图）

64 延黄牛具有什么特点？

延黄牛是由利木赞牛和延边牛杂交选育的肉牛品种，主要分布在吉林延边。体型外貌与延边牛接近，毛色为黄色，体躯呈长方形，结构匀称，生长速度快，牛肉品质好，性格温驯，耐寒、耐粗饲，抗病力强。该牛是我国目前育成的肉牛良种之一，也是吉林肉牛生产的主要品种之一，还是延边地区的主要肉牛品种。

延黄牛（延边畜牧开发集团有限公司供图）

65 什么叫地方黄牛?

黄牛是中国固有的普通牛种。黄牛被毛以黄色为最多,品种可能因此而得名,但也有红棕色和黑色等。头部略粗重,角形不一,角根圆形。体质粗壮,结构紧凑,肌肉发达,四肢强健,蹄质坚实。该牛的饲养头数在大家畜中或牛类中均居首位,饲养地区几乎遍布全国。在农区主要作役用,半农半牧区役乳兼用,牧区则乳肉兼用。

66 什么是杂交?

杂交是指2个或2个以上的品种、品系或种间的公、母牛之间的相互交配。提高我国肉牛生产性能要进行杂交改良。黄牛的杂交改良是用肉用性能好、适应性强的品种,对肉用性能较差的品种进行杂交,来提高杂种后代的产肉性能和饲养效果。目前,用于生产雪花牛肉的肉牛品种除日本和牛、安格斯牛外,就是这些改良的地方黄牛。

67 什么叫简单杂交？

简单杂交即指两品种杂交。一种是肉用品种与本地黄牛杂交，其后代不留作种用，全部作商品牛出售。生产中常见的两品种杂交类型如夏洛来牛、安格斯牛作为杂交父本与本地黄牛杂交，所生杂种一代。目前，我国商品牛生产主要采取这种形式。另外一种是兼用品种与本地黄牛杂交。如西门塔尔牛等作父本，与本地黄牛杂交，利用其杂交优势，提高牛长肉速度、饲料报酬和牛肉品质。同时，杂交后代公牛用作育肥牛，母牛用作乳用后备牛，做到了乳肉并重。

68 什么叫终端公牛杂交？

终端公牛杂交指以二元或多元轮回杂交后代的母牛做母本，再与终端父本品种进行固定杂交。其杂交模式为每次轮回杂交，从后代中选出15%的优良母牛补充杂交母本群，其余的可与终端父本杂交，生产商品牛。

69 什么叫轮回杂交？

轮回杂交指用2个或2个以上不同的品种轮回进行杂交，在每代杂种后代中将大部分杂种宰杀利用，只用少量的优良杂种母畜依序轮流与亲本品种的公畜交配，以便在每代杂种后代中继续保持和充分利用杂交优势的杂交方法。

牛种

选育篇

（曹阳　钟荣珍　金海国　刘宇　肖成）

70 为什么要育种？

在牛自然繁衍的过程中，品种本身的生产性能会退化，不能满足人们的物质需要，必须进行新品种培育，保障和满足人们对牛肉及系列产品的物质需求。肉牛育种就是按照人们的意愿，对已有品种繁衍后代的方式进行人为干预，使其向需要的方向改变，巩固优良基因，创造生产性能优越的个体，并扩大群体数量，满足生长、肉质、繁殖等需要。育种工作是指围绕品种而进行的各种育种活动，包括本品种选育、杂交育种、引种、品种资源的保存及利用等。

71 育种群体如何分级？

一般根据育种价值或育种计划进行分级，通常分为3级繁育体系，好比一个3层的金字塔结构。顶部为核心群，中部是扩繁群或制种群，底部是生产群或商品群。核心群起核心主导作用，要符合本品种特征，表型优秀、健康无病，该群体所生产的后代质量应有保障。扩繁群主要用于生产后备群体，经鉴定合格的个体才可以进入此群。生产群育种价值较低，主要作为商品面向市场出售。

72 什么是开放育种？

育种过程中核心群需要持续更新，当需要替换的种用牛来自核心群或者育种体系之外时，就会形成相对开放而不是封闭的核心育种体系，即开放育种。在开放育种体系内，遗传物质的流动是双向的，种用牛的替换不仅限于核心群内部留种、更新。开放育种的好处在于扩大了核心群的选择范围，防止群体近交的产生，增加了核心群的群体数量；核心群之外优良个体的引入，为核心群种用性能的提升提供了更多可能，有助于快速实现育种目标。

73 什么是常规育种？

常规育种又称传统育种，最早的传统育种主要是根据人为经验选择培育优良肉牛品种，主要方法包括外貌评价、纯种繁育和杂交改良等；后来依据数量遗传学原理提出了利用系谱记录、性能评价、后裔测定等技术进行培育的方法。一般来说，常规育种过程中的幼年、青年时期以系谱鉴定为主，同时需要结合生长发育鉴定；成年后体型外貌和生长发育评定仍然重要，但本身有了生产能力以后要以生产性能的测定为主。总之，评价越全面，育种的准确性、可靠性越高。

74 什么是本品种选育？

若某一肉牛品种本身可以满足生产及市场需要，则不必进行品种改造。可以通过本品种选育，即在保持品种本身优良特性的基础上，巩固优良基因，增加品种内优秀个体数量，克服该品种的某些不足而进行改良，阻止因突变、自然选择和漂变作用而引起品种品质下降，从而使生产性能和纯度不断提高。一般通过品种内部的选种选配、品系繁育等措施来实现。地方品种的选育提高、引进品种的保纯扩繁、杂交育种的最后阶段都要进行本品种选育。

75 什么是分子育种？

牛的分子育种就是利用基因选择的办法进行肉牛品种改良或者培育，主要通过 DNA 或 RNA 水平上的操作来实现。常用的分子育种多是指基因组育种，就是通过基因筛选把符合要求的牛只选出来，组成育种群，配合常规育种一起进行品种的选育。分子育种可以根据基因的功能，有目标倾向地选育想要的品种，如生长快、肉质好、饲料利用率高等目标。分子育种准确性高、周期短，但分子育种不能代替常规育种技术，二者有效结合才是肉牛育种行之有效的根本措施。

76 什么是联合育种？

联合育种的目的是育种，工作特点是联合。联合育种是指拥有相同或相似肉牛群体的多个育种场共同参与，利用相同或相似的资源条件，采取相同或相似的育种路线和统一的肉牛评价方法，把不同的群体放在一起评估，联合开展肉用种群选育。联合育种需要统一规划、统一布局，统一技术路线、统一开展工作，一般为多种群、多组合、多方式协同推进。选育对象是杂交产肉的群体、地方改良的群体还是新培育的群体要有所分别，同一类型的分散种群、地方品种间均可开展，特别是地方资源群体要突出特色。

77 什么是全基因组选择？

牛的全基因组选择是牛分子育种中更准确的选择方法之一。通常指对牛所有可以识别的基因标签进行选择的方法，即检测覆盖牛基因组中所有的基因标签，然后对这些标签进行统计，根据标签的作用大小对个体进行评估，对于评估结果好的个体加以选留。全基因组选择可在犊牛的时候进行评估，能迅速缩短被选牛群的选种时间，提高生产效率。

78 什么是克隆牛？

克隆牛属于无性生殖的牛，不需要精子与卵细胞的结合，直接在体外利用体细胞和卵细胞组建胚胎，胚胎转移至受孕母牛体内，生产出与提供体细胞个体接近完全相同的犊牛。克隆牛具有2个几乎无血缘关系的"妈妈"，一个提供卵细胞，一个用于"借腹怀孕"，不需要"爸爸"，几乎是供体细胞个体的完全复制。

79 什么是双肌牛？

双肌牛最典型的例子是意大利的皮埃蒙特牛和比利时的比利时蓝牛，因为体内一种蛋白质（肌肉生长抑制素，MSTN）基因的自然突变而不能正常发挥作用，进而形成肌肉发达、体形健硕的外貌特征。基于这种自然现象，科学家可人为对双肌基因进行突变，生产双肌牛。目前我国已经成功培育了双肌鲁西牛、双肌蒙古牛和双肌西门塔尔牛新品系，产肉性能显著提高。

80 什么是转基因技术？

转基因技术是将目标基因分离、重组、导入并整合到生物体的基因组中，从而改善生物体原有的性状或赋予其新的性状的现代生物技术。转基因可分为导入外源基因、导入自有基因和修饰自身基因三种。转基因动物（如牛）可以获得自身不具有的性状，提高自身基因的表达以及对自身基因按照预期进行改变，共同满足实际生产需要。目前转基因动物研究主要集中在生产性能与产品品质改善、抗病力提高以及药物生物反应器等领域。

81 什么是基因编辑？

基因编辑是特异性改变基因序列，利用特定的核酸酶对特定 DNA 位点进行剪切，移除已有的 DNA 或者插入替代的 DNA。类似于文档编辑中的查找、替换或者删减过程，即人为地修饰 DNA 序列，以实现对特定目的基因片段的"编辑"（即敲除/敲入），从而达到改变宿主细胞基因型的目的。将核酸酶和特异性核酸片段注射到受精卵进行基因编辑，可以获取基因编辑动物，由于不涉及非目标外源基因的导入，因此具有更好的生物安全性。

繁殖篇

（张嘉保　袁宝）

82 什么是性成熟？

性成熟是指个体具备生育能力。牛发育到一定时期，在公牛的睾丸里或母牛的卵巢里，能够产生出具有正常受精能力的精子或卵子，此时称牛已经达到性成熟。在生产中，往往以公牛出现追配和爬跨，或母牛出现发情特征为判断依据。牛性成熟时，虽然已具备繁殖能力，但由于身体仍在继续生长、发育，不宜配种。

83 什么是体成熟？

体成熟又称为开始配种年龄，指家畜生长发育基本完成，获得了成年家畜应有的形态和结构。就体重而言，一般都已达其成年体重的 70% 以上。

84 牛的繁殖周期有多长？

牛一般一年生一胎，母牛的妊娠期一般为 275~285 天，与品种、年龄、季节、饲养管理、胎儿性别等因素有关。具有正常产犊间隔、无繁殖疫病的牛，在产后的 50~55 天便可再次配种。

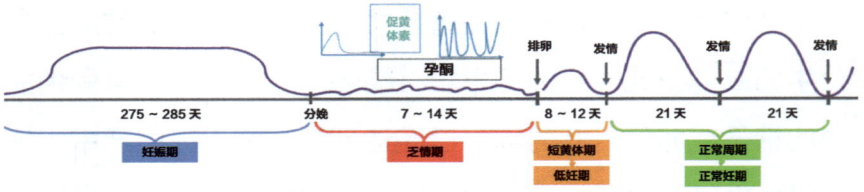

85 什么是人工授精？

所谓人工授精是指用人工方法采取公牛精液，再经过体外检查与处理后，借助专业器械输入发情母牛的生殖道内，使其怀孕的一种繁殖技术，这项技术目前已成为养牛生产中最常见的繁殖生产技术。

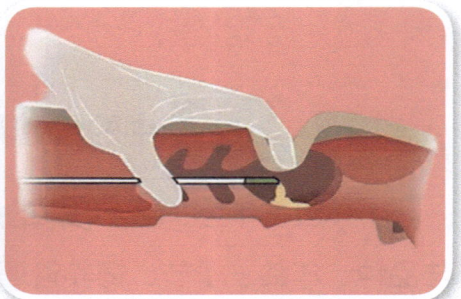

86 什么是体外受精？

牛的体外受精是指牛的精子和卵子在体外人工控制的环境中完成受精过程的技术。包括卵母细胞和精子的采集、精子的体外获能、卵母细胞的成熟、精卵体外共培养等程序。完成体外受精的受精卵可以用于之后的胚胎冷冻、胚胎移植等程序。

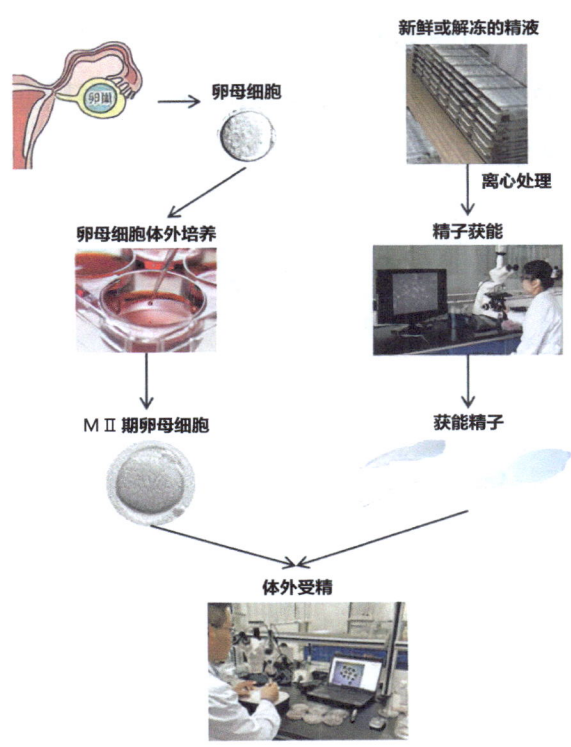

87 什么是胚胎移植？

牛的胚胎移植是指将优秀母牛体内的早期胚胎，或者通过体外受精及其他方式得到的胚胎，移植到同种的、生理状况相同的其他一般母牛体内，使一般母牛繁育出优秀后代的技术。

提供胚胎的个体称为供体，而接受胚胎的个体称为受体。供体母牛一般为品种优良、体质健康、生产性能强的母牛。受体牛仅作为借腹怀胎，不要求遗传性状，可用廉价低产的青年奶牛或黄牛作受体，提高优秀供体母牛的繁殖力。

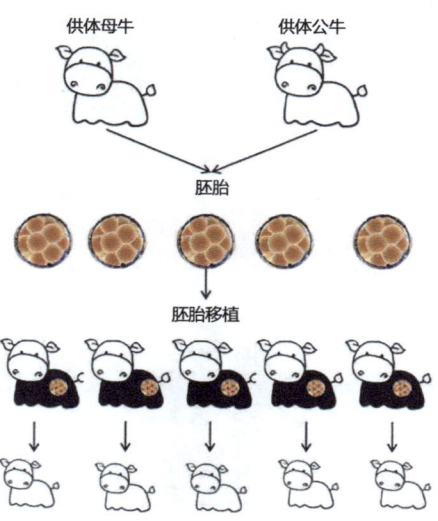

88 什么是胚胎工厂化？

胚胎工厂化是指利用活体采卵、体外受精、胚胎冷冻保存、胚胎移植等技术手段，通过采卵设备、玻璃化冷冻设备、一系列体外胚胎培养试剂等产品，建立起的高效、稳定、低成本，且能满足不同需求的体外胚胎生产化平台。

精子获取

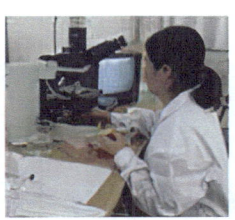

质量检测

精液冻存

卵子获取

体外受精

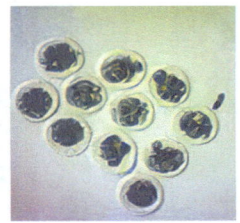

胚胎培养

89 什么是同期发情？

同期发情是对群体母牛进行激素处理，使母牛发情时间相对集中的技术。母牛的同情发情有助于牛群统一的生产管理，减少人工成本和管理成本，提高生产效率。通常采用前列腺素处理法和孕激素处理法。

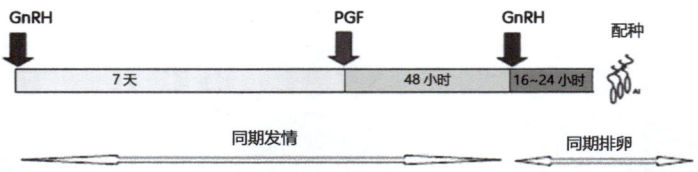

90 什么是性别控制？

可以采用流式细胞仪分离牛精子中的雄性和雌性精子，来进行生产中的性别控制。根据牛精子 X、Y 染色体的不同而分装冷冻的冻精叫性控冻精。牛 X 染色体精子受精后产生的后代为母牛，Y 染色体精子受精后产生的后代为公牛。

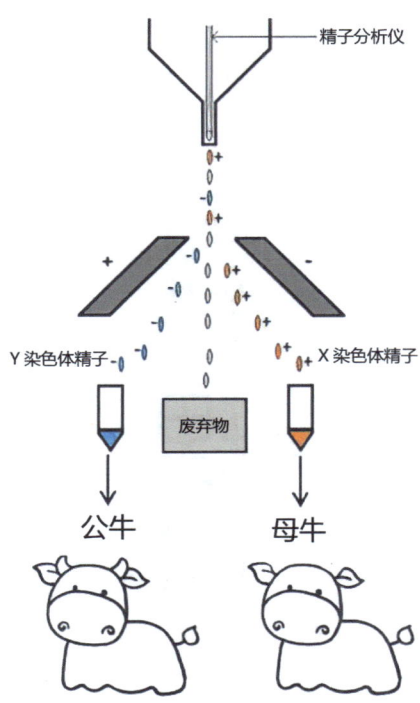

牛场

（吴健　高云航　马红霞　刘洪亮）

管理篇

91 什么是核心育种场？

核心育种场是指经过国家认定的、具有资质的母牛场。这个场里饲养的母牛都是有"户口"的，至少可以查找到它的三辈祖先。这些母牛的生产性能明显优于其他场饲养的母牛。这些育种场里生产的公牛经过科学筛选，能够当作种公牛生产冻精销售给养殖户。

92 什么是标准化牛场？

肉牛养殖从饲料、饲喂、管理到场区布局、圈舍建设、卫生防疫、信息登记等都有相关的标准和规范要求，按照标准和规范要求养牛的牛场就是标准化牛场。它不仅要求基础设施、工具等硬件的标准化，还要求档案记录与相关管理等软件的标准化。

93 什么是智慧牛场？

牛场安装计算机管理程序，将肉牛的信息登记进入管理程序。利用计算机软件，一是能够清楚地知道哪头牛可以用哪个冷冻精液配种，避免"近亲结婚"，生产更优秀的牛犊。二是能够清楚地知道每头牛的繁殖、产奶、饲喂、健康、疾病等情况，能够知道牛场买了多少饲料、产了多少牛犊、卖了多少钱，提前预测牛场是赔钱还是赚钱。根据预测及时调整，争取更多盈利。

94 什么是规模化饲养？

养牛户饲养的牛越多，规模就越大，一般认为养殖场的饲养数量超过50头的就是规模化饲养。这样的牛场具有相对扎实的经济基础，能够实现肉牛的批量生产和出栏，在市场价格波动时具有一定的抵御风险能力。肉牛饲养头数在 200 头左右的规模化养殖场比较容易获利。

95 什么是集约化饲养？

集约化饲养就是尽量增加一个圈舍养牛的数量，增强管理的科学性，提高各种设施、设备和人、财、物的使用效率，这样就把平均在每头牛上的饲养成本减少了，在销售价格相同的情况下，能够产生更高的经济效益。

96 现代化牛场该是什么样？

现代化牛场应该是集约化养殖、标准化管理、机械化智能化控制、自动化程度高、能够节省人力和土地资源的综合性养牛场。一个现代化的牧场不仅其工艺技术先进，其所配套的设施和设备也都是好用好使的；牛群是健康的，且其运行管理也是先进的；工人生活也是丰富的、快乐的；投资是合理的、科学的、节俭的。那些与养好牛关系不密切的，仅仅为博眼球的外观装饰布置，如豪华牛舍、华丽门卫、参观道、参观大厅、围墙、办公会客楼、过度的绿化园林投资等，实际上这些不属于现代化牧场的范畴。

97 为什么种牛要有系谱档案？

牛的系谱档案与人的家谱一样，它记录了牛的父母、祖父祖母、曾祖父曾祖母、外祖父外祖母、曾外祖父曾外祖母的信息。这些信息既能够保证种牛的血统纯正，避免近交，又能保证所产后代具有优秀的产肉性能。

98 什么是牛肉质量安全追溯体系？

质量安全可追溯体系是指在牛肉的包装上留有条形码或者二维码。买肉的人通过查询或者扫描二维码就能知道这块肉是哪个厂家生产的，是否经过科学的屠宰、分割、排酸程序，在饲养时牛有没有生病、有没有吃不卫生的饲料。肉牛质量安全可追溯体系的建立，可以保证牛肉的品质，能让牛肉卖出更高的价格。

99 牛场粪污是可利用资源吗？

粪污是可利用资源。牛粪堆在一起经过一段时间就能发酵变成可以利用的粪肥；水状的粪污排放物可以用来生产沼气，作为人们的生活燃料，然后用于做饭，烧炕。牛粪也可以用来养蚯蚓，蚯蚓既可以作为中药卖钱，也可以用来制作饲料或者鱼饵。养过蚯蚓的牛粪还可以作为有机肥的原料或者直接用来种菜。这样既处理了牛粪，又能省钱，还可以赚些外快。

100 为什么牛场要做好防疫和疫病净化？

养牛首先要保证所养的牛没有病，尤其是没有传染病。这就要求养牛者为所有的牛做健康体检，避免牛有病、避免牛病互相传染。其次，养牛者要定期用消毒水、生石灰等对牛圈以及铁锹等用具消毒，杀灭病原微生物。最后，买牛、卖牛、养牛等与牛经常接触的人或者运牛的车辆等要经过消毒才能进入牛场、牛圈，以免带来细菌和病毒。